LEVEL
3

사이언스 리더스

먹물을 쏘는 동물들

스테퍼니 워런 드리머 지음 | 송지혜 옮김

비룡소

스테퍼니 워런 드리머 지음 | 뉴욕 대학교에서 과학 저널리즘 학위를 받았으며, 현재는 어린이 과학책을 쓰고 있다. 우주의 가장 이상한 장소부터 쿠키의 화학, 인간 뇌의 신비 등 어린이를 위한 다양한 주제로 책과 기사를 쓴다.

송지혜 옮김 | 부산대학교에서 분자생물학을 전공하고, 고려대학교 대학원에서 과학언론학으로 석사 학위를 받았다. 현재 어린이를 위한 과학책을 쓰고 옮기고 있다.

이 책은 미국 필드 박물관의 무척추동물학 부큐레이터 재닛 보이트, 메릴랜드 대학교의
독서교육학과 교수 마리엄 장 드레러가 감수하였습니다.

내셔널지오그래픽 키즈 사이언스 리더스
LEVEL 3 먹물을 쏘는 동물들

1판 1쇄 찍음 2024년 12월 20일 **1판 1쇄 펴냄** 2025년 1월 15일
지은이 스테퍼니 워런 드리머 **옮긴이** 송지혜 **펴낸이** 박상희 **편집장** 전지선 **편집** 임현희 **디자인** 천지연
펴낸곳 (주)비룡소 **출판등록** 1994.3.17.(제16-849호) **주소** 06027 서울시 강남구 도산대로1길 62 강남출판문화센터 4층
전화 02)515-2000 **팩스** 02)515-2007 **홈페이지** www.bir.co.kr **제품명** 어린이용 반양장 도서 **제조자명** (주)비룡소
제조국명 대한민국 **사용연령** 3세 이상 ISBN 978-89-491-6924-8 74400 / ISBN 978-89-491-6900-2 74400 (세트)

NATIONAL GEOGRAPHIC KIDS READERS LEVEL 3
INK! 100 FUN FACTS ABOUT OCTOPUSES, SQUID, AND MORE by Stephanie Warren Drimmer
Copyright © 2019 National Geographic Partners, LLC.
Korean Edition Copyright © 2025 National Geographic Partners, LLC.
All rights reserved.
NATIONAL GEOGRAPHIC and Yellow Border Design are trademarks of
the National Geographic Society, used under license.
이 책의 한국어판 저작권은 National Geographic Partners, LLC.에 있으며, (주)비룡소에서 번역하여 출간하였습니다.
저작권법에 의해 한국 내에서 보호를 받는 저작물이므로 무단 전재와 무단 복제를 금합니다.

이 책의 차례

1

어떤 오징어는 어둠 속에서 반짝반짝 빛을 내.

2

갑오징어는 낮에 눈동자가 알파벳 더블유(W) 모양이 돼.

3

아기돼지오징어는 몸이 투명해서 포식자의 눈에 잘 띄지 않아.

4

문어의 눈동자는 염소나 양, 두꺼비처럼 가로로 긴 네모꼴이야.

5

2006년에 산 채로 물 밖에 모습을 보인 대왕오징어가 일본 바다에서 처음으로 발견되었어.

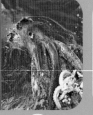

6

초거대오징어는 촉완 끝에 달린 갈고리를 360도로 자유롭게 회전할 수 있어.

7

깊은 바다에 사는 오징어들은 서로를 잡아먹기도 해.

8

피그미오징어는 해초 잎에 달라붙어 살 정도로 몹시 작아.

9

심해오징어는 자기 다리를 떼어서 포식자의 눈길을 돌려. 다리는 다시 자라!

10

덤보문어의 큰 지느러미는 디즈니의 코끼리 캐릭터 덤보의 펄럭이는 귀를 닮았어. 그래서 이름이 '덤보문어'야.

11

짧은꼬리오징어는 시커먼 먹물 대신 끈적끈적한 형광 물질을 뿜어.

12

어떤 새끼 오징어들은 포식자의 공격을 피하려고 수천 마리씩 무리 지어 다녀.

25가지 놀라운

두족류 지식

촉완: 오징어류의 다리 중 가장 긴 한 쌍.
두족류: 문어, 오징어 등 머리에 다리가 달린 연체동물의 한 종류.

13

갓 태어난 갑오징어는 찻숟가락에 4마리가 올라갈 정도로 아주아주 작아.

14

줄무늬파자마오징어는 거의 온종일 바닷속 모래 밑바닥에 숨어 있어.

15

암컷 보라문어는 겁먹으면 다리 사이에 붙어 있는 물갈퀴 막을 활짝 펼쳐서 몸집을 커 보이게 해.

16

덤보문어는 다른 문어들이 사는 곳보다 훨씬 깊은 수심 7000미터에서 발견됐어!

17

문어는 종종 먹이를 먹고 남은 빈 껍데기를 굴 밖에 쌓아 둬.

18

리라크랜치오징어는 눈이 밖으로 길게 매달려 있어.

19

파란고리문어는 10센티미터밖에 안 되지만, 어른 26명을 죽일 정도로 무서운 독을 지녔어.

20

흡혈오징어는 어떤 빛을 받으면 피부와 눈이 붉은색을 띠어.

21

어떤 고대 두족류는 껍데기가 5미터짜리 소형 버스만 했어.

22

영국의 수족관에 살던 한 문어는 감자 캐릭터 장난감을 아주 좋아했대.

23

어미 문어는 알에 계속 물을 뿌리면서 산소를 가져다줘.

24

두 눈의 크기가 다른 심해짝눈오징어는 큰 눈으로는 햇빛을 보고, 작은 눈으로는 몸이 빛나는 동물을 알아채.

25

앵무오징어는 다리가 앵무새의 볏을 닮아서 이름에 '앵무'가 붙었어.

1장

바다에 외계 생명체가?

문어 몸에는 심장이 세 개 있고, 파란 피가 흘러!

문어, 오징어 같은 동물들은
정말 희한하게 생겼어!
외계 생명체가 있다면
이런 모습일까?
이 동물들은
기다란 다리로
먹이를 붙잡은
다음, 날카로운
부리로 먹이를 찢어서
먹어. 대개 모습과 색깔을
마음대로 바꿀 수 있고, **먹물**을
뿜기도 하지. 또 머리가 좋다고

갑오징어는 1초도
안 되는 사이에 몸의
색깔과 무늬를 확확 바꾸어.
지켜보고 있으면 머리가
어질어질해진다니까!

바다에서 소문이

오징어의 뇌는
가운데가 뻥 뚫린
고리 모양이야.
도넛처럼 말이야.

자자해. 이 동물 무리를 통틀어
두족류라고 불러.

두족류는 다리가 머리에 붙어 있어.

두족류는 한자로 '머리에 발이 달린 동물'이라는 뜻이야. 몸에 뼈가 없어서 흐느적흐느적 부드럽게 움직이는 **연체동물**이지. 달팽이, 조개 등도 연체동물이야. 그런데 이 중에서 두족류만 입이 단단한 부리로 되어 있지. 두족류는 전 세계 바다 어디에나 살고 있어.

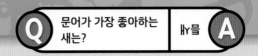

그럼 두족류 친구들을 만나러 떠나 볼까?

문어는 다리가 8개야. 아주 좁은 틈도 비집고 들어갈 수 있을 만큼 몸이 부드럽고 연하지. 그리고 굉장히 영리해서 함정을 피해 바닷가재를 꺼내 먹거나, 퍼즐을 풀 수도 있대!

문어는 부리가 빠져나갈 만한 크기의 공간이라면 그게 어디든 드나들 수 있어.

오징어와 **갑오징어** 각각의 다리는 총 10개야.

그중 다른 다리보다 긴 두 다리를 **촉완**이라고 해.

사냥하지 않을 때는 촉완을 잘 숨겨 두지.

오징어의 몸은
길쭉한 원통
모양이야. 반면에
갑오징어의 몸은
짤따랗고 납작한
편이지.

두족류 중 **앵무조개**만
껍데기가 있어. 껍데기
안쪽은 방이 여러 개로 나뉘어
있지. 앵무조개의 몸은 바깥쪽에
있는 가장 큰 방에 들어 있어. 몸이 점점 자랄수록
껍데기가 커지면서 안쪽이
넓어지고, 새로운 방이
생겨나.

껍데기 안에 있는 방

먼 옛날 두족류는 4억 년 동안
바다 최강이었어. 공룡이 지구에
살았던 기간보다 두 배나 더 긴 시간이야!

약 5억 5000만 년 전에 살던 바다 동물은 대부분
바다 밑바닥을 꼬물꼬물 기어다녔어. 그로부터
약 5000만 년 뒤에 두족류가 나타나 처음으로 바다를
헤엄쳐 다니기 시작했지. 시간이 흘러 두족류는
바다에서 가장 무시무시한 **포식자**가 되었어!

포식자: 다른 동물을 사냥해서 잡아먹는 동물.

과학자들은 지금까지 두족류 화석을 자그마치 1만 7000종이나 찾아냈어.

현재 지구에는 800종이 넘는 두족류가 살고 있어.

문어 화석은 찾아보기 힘들어. 딱딱한 뼈가 없어서 죽으면 흔적도 없이 사라져 버리거든. 그럼 화석으로 남기 어려워.

그러다가 약 6500만 년 전에 수많은 두족류가 사라져 버렸어. 공룡을 비롯해 지구에 살던 많은 생물이 멸종하고 말았거든. 그래도 두족류는 몇몇 종이 살아남아 오늘날까지 바다를 누비고 있지.

2장

부드럽고 연한 몸

문어는 빨판으로 맛을 느껴.

손가락이나 발가락으로 맛을 보고
냄새를 맡을 수 있다고 상상해 봐.
문어는 그럴 수 있어! 다리에 달린 수백 개의 **빨판**을
쓰면 되니까. 게다가 문어는 빨판의 힘을 잘 조절해.
빨판에 힘을 세게 주어 게와 조개처럼 껍데기가
단단한 먹이를 쪼갤 수도 있고, 힘을 빼고 작은 먹이
조각을 살짝 집을 수도 있거든.

몸집이 큰 문어는 빨판 1개로 무려 13킬로그램까지 들어 올릴 수 있대. 세상에, 세 살짜리 어린이를 번쩍 드는 셈이야.

놀라지 마! 태평양대왕문어의 빨판은 2000개가 넘어.

빨판 가장자리에 있는 아주아주 작은 돌기 덕분에 문어는 먹이를 놓치지 않고 더 꽉 붙잡을 수 있어.

모든 두족류는 다리를 꿈틀꿈틀
부드럽게 움직여서 바닷속을 탐험하고
먹이를 찾아다녀.

특히 오징어와 갑오징어의 길쭉한 촉완 한 쌍 끝에는
빨판이나 갈고리가 달려 있어. 좋아하는 먹잇감을
발견하면 감추고 있던 촉완을 재빨리 늘여서 먹이를
확 낚아채지.

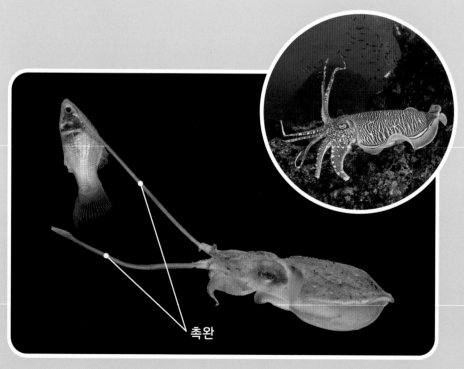

촉완

앵무조개는 다리가 없고 촉수만 있어. 그것도
90개 넘게 말이야! 앵무조개의 촉수에는 빨판이
없어. 하지만 모양이 올록볼록해서 먹이가
미끄러지지 않게 잘 잡아 주지. 또 늘 끈적끈적해서
촉수에 먹이가 쉽게 달라붙는단다.

크고 작은 두족류

← 피그미오징어를
확대한 모습

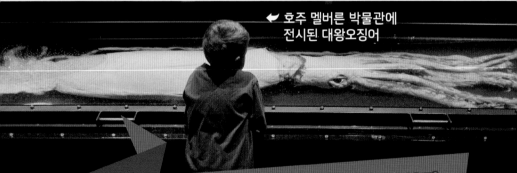

← 호주 멜버른 박물관에
전시된 대왕오징어

피그미오징어는 사람 손톱보다 작아. 한편
대왕오징어의 몸길이는 버스보다 길지.

갓 난 태평양대왕문어

다 자란 태평양대왕문어

두족류는
크기가 매우 다양해.
조그맣게 태어나서 엄청난
크기로 자라기도 하지.
태평양대왕문어는 지구에서
몸집이 가장 빠르게 자라는
동물로 손꼽혀. 쌀 한 톨만
한 알에서 나와서 3년 만에
몸길이가 4미터 넘게
자라니까. 다 자라면
기린 키만 해지는 거야!

최근에 발견된
이 깜찍한 문어는 이름에
사랑스럽다는 뜻의
'어도러빌리스(Adorabilis)'가
붙을지도 모른대.

집낙지는
암컷과 수컷의
무게가 크게 차이 나.
암컷이 수컷보다
600배 넘게
무겁지.

깊은 바닷속에는 정말 괴물처럼 커다란 두족류가
살고 있어. 약 13미터까지 자라는 대왕오징어는
등뼈가 없는 무척추동물 가운데 가장
크지. 하지만 몹시 깊은 곳에 살고
있어서 만나기는 쉽지 않아.

대왕오징어의
눈알은 지구에 사는
동물 중에서 가장 커.
축구공보다 훨씬
크다는 말씀!

대왕오징어에 관한
흥미진진한 이야기가 있어.
바로 대왕오징어가 아주아주 깊은 바닷속에서
고래와 무시무시한 싸움을 벌인다는 거야! 그걸
어떻게 아냐고? 대왕 빨판에 공격당해 동그란
흉터가 생긴 고래나, 대왕오징어의 큼직한 부리를
삼킨 고래가 종종 발견되고 있거든.

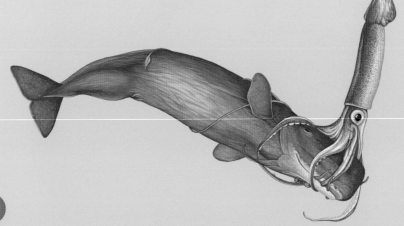

북유럽 신화에
등장하는 거대한
바다 괴물 크라켄은
사실 대왕오징어가
아니었을까?

☜ 오스트레일리아의
태즈메이니아 해변에
떠내려온
대왕오징어의 모습

두족류가 이동하는 법

두족류는 물고기와 다르게 헤엄쳐. 물고기는

몸통과 지느러미를 움직이면서 헤엄치지만,

두족류는 '**수관**'이라고 하는 좁은 관으로 물을

뿜어서 이동하거든. 두족류의 수관은 보통 몸통에

달려 있어. 몸속 물을 수관으로 힘껏 뿜어내면

몸이 앞으로 훅 나아가는 거지.

이뿐이게? 근육으로

된 수관으로 방향을

조절하면 어느

쪽으로든 갈 수 있어!

어떤 두족류는
수관과 지느러미를
같이 써서 방향을
바꿔.

수관

야호!
살오징어는
수관으로 물을 뿜어서
물 위를 훌쩍
날기도 해.

앵무조개는 바닷속에서 둥둥 떠다니며 이동해.
앵무조개의 껍데기 안에는 방이 여러 개 있다고 한
거 기억하니? 앵무조개는 이 방들에 물을 넣었다
뺐다 하면서 몸을 띄우기도 하고, 가라앉게도 하지.
놀랍게도 잠수함 역시 물속에서 앵무조개처럼
움직인다는 말씀!

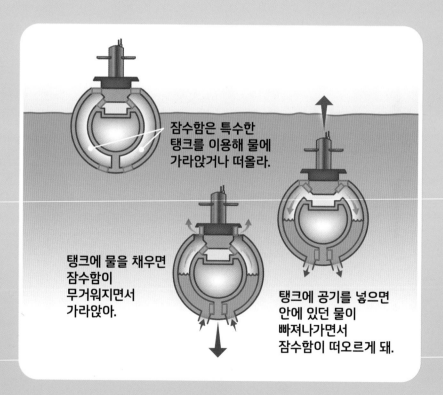

잠수함은 특수한
탱크를 이용해 물에
가라앉거나 떠올라.

탱크에 물을 채우면
잠수함이
무거워지면서
가라앉아.

탱크에 공기를 넣으면
안에 있던 물이
빠져나가면서
잠수함이 떠오르게 돼.

앵무조개는
보통 뒤로 헤엄쳐.
머리와 촉수는 이동하는
방향의 반대쪽을
향하고 있지.

깊은 물속으로
들어갈수록 물이 누르는
힘인 '수압'이 강해져. 그런데
앵무조개의 껍데기는 무지
단단해서, 물속 600미터까지
내려가도 멀쩡해!

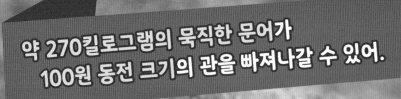

약 270킬로그램의 묵직한 문어가
100원 동전 크기의 관을 빠져나갈 수 있어.

문어를 잡아 수조에 넣어 두면, 문어가 옆에 있는 수조로 넘어가서 다른 동물을 잡아먹기도 해.

문어는 바닷속 바위틈이나 작은 동굴에서 살기 때문에 좁은 공간을 잘 비집고 들어갈 수 있지. 그래서 어디서든 손쉽게 탈출해. 문어 잉키는 뉴질랜드의 수족관에 살았어. 그러던 어느 날 밤, 잉키가 수조 위쪽의 틈새로 몰래 빠져나갔어. 수조 밖에서 하수구를 본 잉키는 이번에는 그곳으로 쏙 들어갔지. 그런데 하수구가 바다로 이어져 있었지 뭐야! 잉키는 수족관을 탈출해 바다로 가 버렸어.

문어는 사냥을 하려고 물 밖으로 기어 나오기도 한단다.

3장

영리한 두족류

문어의 뇌는 머리에 있지만,
뇌세포는 대부분 다리에 퍼져 있어.

문어는
주변의 모습을
기억했다가 **자기가**
사는 곳을 찾아갈 수
있어.

두족류는 정말 똑똑해! 문어의 각

다리는 스스로 생각하고 움직여.

과학자가 실험을 하다가 문어의 다리 하나를

잘라 냈어. 다리는 새로 자라니까 놀라진 말렴.

그런데 잘린 다리가 스스로 먹이를 찾아다녔지 뭐야!

심지어 입이 있던 쪽으로 먹이를 넣으려고 했대.

갑오징어는 몸에서
뇌가 굉장히 큰 부분을
차지해. 몸집에 비해
뇌가 큰 무척추동물로
손꼽힌다는 말씀!

두족류는 사람과 전혀
다른 뇌를 지녔어. 그런데 마치 사람처럼 영리한
행동을 많이 해. 글쎄, 사육사를 속이거나 같은 종의
두족류끼리 서로를 놀리기도 한다니까!

천재 변신쟁이

많은 두족류가 먹물을 뿜어서 포식자를 놀라게 해.

두족류는 대부분 몸속에 먹물주머니가 있어. 포식자가 공격하면 먹물을 쏘고는 후다닥 달아나지. 먹물이 구름처럼 뭉게뭉게 퍼지면서 눈앞을 가리면, 포식자는 해롱해롱 정신을 차리지 못해. 어떨 때는 먹물을 먹잇감으로 착각하고 공격하기도 한다니까. 풉, 속이기 성공!

먹물을 맞으면 잠깐 눈이 멀거나 냄새를 맡지 못하기도 해!

갑오징어의 알

어떤 갑오징어는 알에 먹물을 뿌려서 알이 포식자들의 눈에 띄지 않도록 숨겨 둬.

먹물을 뿌린 갑오징어의 알

어떤 실험에서 갑오징어는 몸의 색깔을
바꿔서 수조 바닥의 검은색과 흰색
체크무늬를 비슷하게 흉내 냈어.

갑오징어와 오징어, 문어는 몸의 색과 무늬를
자유롭게 바꿀 수 있어. 어떻게 하는 거냐고?
이들의 피부에는 여러 색깔을 나타내는 특별한
색소 세포가 있어. 이 세포
주변의 근육을 조이거나
풀어서 색과 무늬를
마음대로 만들어 내는
거야. 알록달록 무지개
색부터 점무늬,
줄무늬, 체크무늬까지
무엇이든 문제없다고!

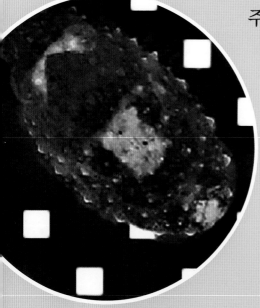

↑ 수조 바닥의 체크무늬를
흉내 낸 갑오징어의 모습

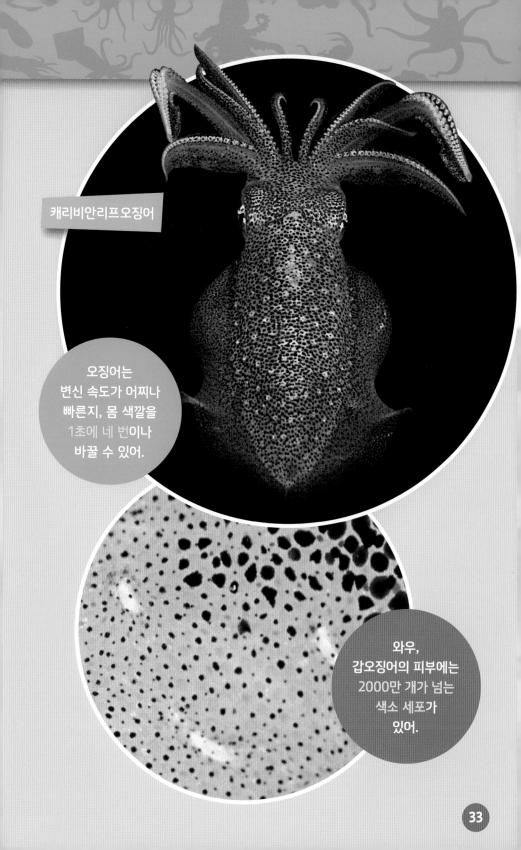

캐리비안리프오징어

오징어는
변신 속도가 어찌나
빠른지, 몸 색깔을
1초에 네 번이나
바꿀 수 있어.

와우,
갑오징어의 피부에는
2000만 개가 넘는
색소 세포가
있어.

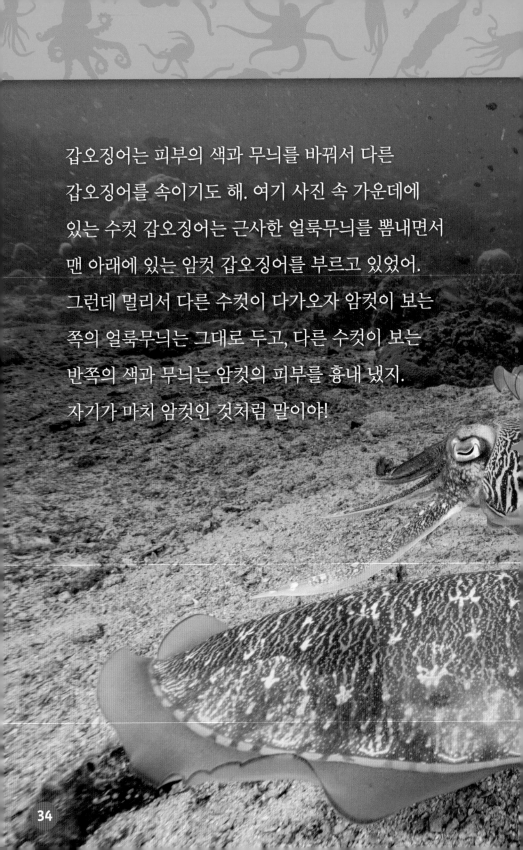

갑오징어는 피부의 색과 무늬를 바꿔서 다른
갑오징어를 속이기도 해. 여기 사진 속 가운데에
있는 수컷 갑오징어는 근사한 얼룩무늬를 뽐내면서
맨 아래에 있는 암컷 갑오징어를 부르고 있었어.
그런데 멀리서 다른 수컷이 다가오자 암컷이 보는
쪽의 얼룩무늬는 그대로 두고, 다른 수컷이 보는
반쪽의 색과 무늬는 암컷의 피부를 흉내 냈지.
자기가 마치 암컷인 것처럼 말이야!

어떤 갑오징어는 일부러 몸통에 큰 점 한 쌍을 만들어. 그러면 이걸 본 포식자들이 무서운 동물의 눈인 줄 알고 쏜살같이 달아난다나?

눈처럼 보이는 점무늬

바다뱀의 모습을
흉내 낸 흉내문어

흉내문어는 범무늬노랑가오리,
쏠배감펭, 바다뱀 등 여러 바다 동물을
흉내 낼 수 있어.

진짜 바다뱀

이게 다가 아니야. 어떤
문어와 갑오징어는 색깔보다
더 많은 걸 바꾼다는 말씀!
근육으로 피부에 나 있는 아주 작은 돌기들을
움직여서 피부의 촉감까지 다르게 표현하는 거야.
오돌토돌하거나 매끈매끈하게 말이야.

모습도 얼마나 잘 따라 한다고! 단 1초 만에 몸을
둥글게 말아 바위처럼 **위장**하거나, 다리를 쭉 뻗어
산호처럼 보이게 할 수 있지.

흄내문어는
독을 쏘는 해파리
같은 위험한 동물을
흄내 내어서
자기 몸을 지켜.

파라오갑오징어는
소라게인 척해서
먹잇감한테 몰래몰래
다가가기도 해.

어떤 문어는
다리 여섯 개를
이리저리 꼬아서 해초
덤불처럼 보이게 한 다음,
나머지 다리 두 개로
살금살금 걸어서
도망가.

어떤 동물이 똑똑한가?

코코넛문어는 코코넛 껍데기를 짊어지고 다니다가 포식자가 다가오면 그 안에 쏙 들어가서 몸을 숨겨.

어떤 과학자들은 갑오징어가 수를 셀 수 있다고 말해. 한 실험에서 갑오징어한테 새우가 서너 마리 든 수조와 너덧 마리 든 수조를 보여 주자, 갑오징어는 새우가 더 많은 수조를 골랐어.

문어는 다른 동물이 들어오지 못하게 돌을 쌓아서 보금자리에 난 구멍을 막기도 해.

많은 과학자들은
도구를 쓰는 동물이
무척 똑똑하다고 생각해. 도구를
쓸 줄 아는 침팬지와 돌고래는 영리한
동물로 잘 알려져 있지. 등뼈가 없는 무척추동물
중에서는 코코넛문어가 처음으로 도구를 쓴다고
알려졌대!

어떤 문어는 해파리
머리를 입에 물고 다녀.
해파리의 끈적끈적한
촉수를 이용해 다른
동물을 사냥하는 거야.

도구: 일할 때 쓰는 물건을 통틀어 이르는 말.

또 배우는 능력을 보면 얼마나 똑똑한 동물인지 알 수 있어. 뉴질랜드의 수족관에 사는 문어 람보는 수조에 놓인 카메라로 사진을 찍는 방법을 배웠어. 영리한 문어는 복잡한 미로에서 길을 찾거나 병뚜껑을 열어서 간식을 꺼내 먹을 줄도 알아. 심지어 사람도 알아본다니까! 어떤 문어는 좋아하던 사람에게는 가까이 다가갔지만, 싫어하던 사람에게는 물을 찍 뿜었대.

갑오징어도 미로를 빠져나갈 줄 알아.

⬆ 카메라로 사진을 찍는 람보의 모습

문어에게 어린이 보호용 뚜껑이 달린 약병을 여는 훈련을 시켰더니, 나중에는 5분 만에 뚜껑을 열 수 있게 되었어.

두족류는 사람을 골탕 먹이기도 해. 2008년 독일의 한 수족관에 살던 문어 오토는 천장에서 비추는 밝은 빛이 무척 거슬렸나 봐. 글쎄, 매일 밤 전구에 물을 쏘아서 전구를 고장 내 버렸지 뭐야! 사육사들은 불이 꺼진 이유를 알아내려고 밤마다 수족관을 지켜봐야만 했대.

오토는 재미 삼아 수조에 있는 소라게들을 빙글빙글 던지고 받으며 저글링 놀이를 하기도 했어.

대왕갑오징어는 호기심이 많아서 잠수부들을 졸졸 따라다닌대.

이처럼 두족류는 영리하고 장난기도 많아!
과학자들은 두족류에 대해 열심히
연구하고 있어. 앞으로 어떤
놀라운 사실들이 더 밝혀질까?
너무너무 기대돼!

1

어떤 오징어는 시속 40킬로미터로 헤엄칠 수 있어. 올림픽 마라톤 선수보다 두 배는 빨라!

2

과학자들이 문어의 피부를 연구해서 색깔이 바뀌는 천을 만들어 냈어.

3

태평양대왕 문어는 알을 한 번에 9만 개쯤 낳아.

4

대왕오징어는 촉완을 길게 늘여 버스 길이만큼 멀리 떨어져 있는 먹이를 휙 낚아챌 수 있어.

5

보라문어는 고깔해파리의 촉수를 뜯어내어 포식자를 쫓아내는 무기로 써. 고깔해파리의 촉수에는 강력한 독이 있거든.

6

어떤 두족류는 햇빛이 들지 않는 바닷속 깊은 곳에 살아.

7

해마다 매오징어 수백만 마리가 일본 도야마만에서 푸른빛을 내뿜어.

8

갑오징어는 몸의 색과 무늬를 바꾸는 능력은 뛰어나지만, 색깔을 알아보지 못해.

9

모든 문어는 독을 지니고 있어. 하지만 대개 사람에게 위험하지 않아.

25 가지 더 놀라운 두족류 지식

10

문어 피부에서는 특별한 물질이 나와서 자기 몸에는 빨판이 달라붙지 않아.

11

하와이짧은꼬리오징어는 젤리 같은 막을 씌워서 알을 보호해.

12

과학자들은 문어 다리를 흉내 내서 아주 부드럽게 움직이는 수술용 로봇을 만들고 있어.

13

갑오징어의 눈은 특별해. 앞과 뒤를 동시에 볼 수 있거든!

14

다 자란 두족류는 혼자 지내는 편이지만, 흰꼴뚜기는 포식자한테 크게 보이려고 무리가 줄지어서 이동하기도 해.

15

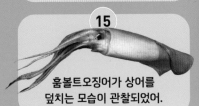

훔볼트오징어가 상어를 덮치는 모습이 관찰되었어.

16

두족류 대부분은 1~2년밖에 못 살아.

17

두족류의 부리는 앵무새 부리를 거꾸로 한 모양이야.

18

문어는 보통 밤에 활동해. 하지만 낮문어는 낮에 주로 움직이지.

19

어떤 갑오징어는 다리로 바다 밑바닥을 걸어 다니기도 해.

20

모든 두족류는 '치설'이라고 하는 거칠거칠한 혀를 가지고 있어.

21

앵무조개는 껍데기를 단단하게 하려고 새우나 바닷가재의 껍데기를 먹기도 해.

22

고대 그리스어로 문어(Octopus)는 '발이 여덟 개'라는 뜻이었대.

23

어떤 갑오징어는 모래 속에 몸을 숨기고서는 눈만 빼꼼 내밀고 있어.

24

캘리포니아두점박이문어 머리에 있는 파란색 점 두 개는 마치 눈처럼 보여.

25

두족류는 '평형낭'이라는 기관으로 물속에서 균형을 잡아.

꼭 알아야 할 과학 용어

부리: 새나 두족류에게 있는
뾰족하고 딱딱한 주둥이.

먹물: 두족류가 주로 적한테 내뿜는
검은색 액체.

두족류: 문어, 오징어 등 머리에
다리가 달린 연체동물의 한 종류.

연체동물: 달팽이, 문어, 조개 등
몸에 뼈가 없는 동물 무리.

촉완: 오징어류의 다리 중
가장 긴 한 쌍.

화석: 먼 옛날 동식물의 흔적이
땅속에 묻혀 그대로 남아 있는 것.

포식자: 다른 동물을 사냥해서
잡아먹는 동물.

빨판: 문어나 오징어 다리에 있는
달라붙거나 맛을 느끼는 기관.

수관: 두족류를 포함한 연체동물이
주로 물을 들이고 내뿜는 관.

위장: 정체를 숨기기 위해 모습을
꾸미는 일.

도구: 일할 때 쓰는 물건을 통틀어
이르는 말.

찾아보기